DESCRIPTION ET HISTOIRE

DU

CHATEAU D'ARQUES

PARIS

LIBRAIRIE CENTRALE D'ARCHITECTURE

DES FOSSEZ ET Cie, LIBRAIRES-ÉDITEURS

13, RUE BONAPARTE, 13

1884

DESCRIPTION ET HISTOIRE

DU

CHATEAU D'ARQUES

PARIS
LIBRAIRIE CENTRALE D'ARCHITECTURE
DES FOSSEZ ET Cie, LIBRAIRES-ÉDITEURS
13, RUE BONAPARTE, 13
1884

DESCRIPTION ET HISTOIRE

DU

CHATEAU D'ARQUES

C'est aux Normands que l'art de la fortification française, avant l'invention de l'artillerie à feu, doit sa naissance et son plus beau développement. Pendant la période de leurs invasions, les populations, sans cesse menacées, inventent de nouveaux moyens de résistance ; les villes et les monastères s'entourent de palissades et de retranchements, les abords des fleuves sont munis d'ouvrages défensifs, les demeures seigneuriales se déplacent et gagnent les hauteurs. Les Normands eux-mêmes établissent des camps retranchés qui protégent leur butin et leurs embarcations. Plus tard, lorsqu'ils se fixent définitivement sur les territoires où la faiblesse des successeurs de Charlemagne les a laissés s'établir, leur premier soin est d'assurer leur conquête. Dans ce but, ils bâtissent des forteresses dont les dispositions ne rappellent en rien ces défenses primitives. Ce sont de vastes constructions en pierre élevées, non plus au point de vue d'une agression passagère, mais d'après un système de résistance permanente et collective, et conçues avec une merveilleuse entente de la fortification. Il nous reste encore des fragments considérables de quelques-unes de ces citadelles, qui, par le choix de leur assiette et la combinaison de leurs défenses, témoignent chez leurs constructeurs d'un véritable génie militaire. Une des plus formidables pour l'époque où elle fut élevée, et des plus intéressantes à étudier aujourd'hui, est sans contredit le château d'Arques. Bien que le temps et surtout la main des hommes lui aient fait subir de graves mutilations, il est encore possible, avec un peu d'attention, d'en reconnaître non-seulement l'ensemble, mais encore la plupart des dispositions anciennes.

Quelques lignes de la chronique de Guillaume de Jumièges [1] peuvent servir de préface à son histoire. « Dans les premiers temps de la vie de Guillaume, dit-il, un grand nombre de Normands, égarés et infidèles, élevèrent dans beaucoup de lieux des retranchements et se construisirent de solides forteresses. » On sait, en effet, à quels désordres la Normandie fut en proie à l'avénement de Guillaume le Conquérant, et comment la plupart des seigneurs normands, pensant avoir facilement raison d'un jeune homme à peine sorti de l'adolescence, prétextèrent de l'illégitimité de sa naissance pour le dépouiller de son héritage. A leur tête était Guillaume, oncle du bâtard. Investi, vers 1040, du comté d'Arques, Guillaume ne reconnut la donation de son neveu qu'en levant contre lui l'étendard de la révolte. Toutefois il ne dévoila ses projets qu'après en avoir de longue main préparé le succès. En conséquence, à peine en possession de son comté, il éleva la redoutable forteresse dont nous avons encore les restes sous les yeux. Sous l'impulsion de ces visées ambitieuses, cette immense construction dut être menée avec une activité prodigieuse, puisqu'elle soutint, quelques années plus tard, l'effort d'un long siège conduit par le duc en personne.

Avant de poursuivre le récit des faits dont il a été le théâtre, essayons, à l'aide des traces subsistantes, de nous représenter le château d'Arques tel qu'il devait être à cette époque.

Sur le versant sud-ouest de la vallée d'Arques, à quelques

1. Lib. VII, cap.

kilomètres de la mer, se détache une langue de terre crayeuse qui forme comme une sorte de promontoire défendu de trois côtés par la nature. C'est à l'extrémité de ce promontoire que Guillaume d'Arques éleva une vaste enceinte fortifiée, protégée par des fossés profonds et un donjon formidable. Mais c'est ici qu'apparaît tout d'abord le génie normand. Au lieu de profiter de tout l'espace donné par l'extrémité du promontoire crayeux, et de considérer les escarpements et les vallées environnantes comme un fossé naturel, Guillaume fit creuser au sommet de la colline un large fossé, et c'est sur l'escarpe de ce fossé qu'il éleva l'enceinte de son château, laissant entre les vallées et ses défenses une crête, sorte de chemin couvert de 2 mètres de largeur, derrière lequel l'assaillant trouvait, après avoir gravi les escarpements naturels, un obstacle infranchissable entre lui et les murs du château. Ces crêtes étaient d'ailleurs munies de palissades qui protégeaient le chemin couvert et permettaient de le garnir de défenseurs. Un peu au-dessus du niveau du fond du fossé, les Normands avaient eu le soin de percer des galeries longitudinales destinées à reconnaître et à arrêter le travail du mineur qui se serait attaché à la base de l'escarpe. Ces galeries prennent entrée sur certains points de la défense intérieure, après de nombreux détours qu'il était facile de combler en un instant, dans le cas où l'assaillant aurait pu parvenir à s'emparer d'un de ces couloirs. Le fossé, fait à main d'homme et creusé dans la craie, n'a pas moins de 25 à 30 mètres de largeur, de la crête de la contrescarpe à la base des murailles.

Du côté occidental, le val naturel est très-profond, et l'escarpement du promontoire est abrupt ; mais, du côté du village, vers le nord-est, les pentes sont moins rapides et s'étendent assez loin jusqu'à la petite rivière d'Arques. Sur ce point, le flanc de la vallée fut défendu par une enceinte extérieure, véritable basse-cour, désignée dans les textes sous le nom de *bel* ou *baille*, et dont on voit encore des restes assez considérables, notamment du côté de la porte de Dieppe. Une porte et une poterne donnaient seules entrée au château au nord et au sud.

Voici le plan du château d'Arques [1].

Laissons de côté l'ouvrage B, qui date du xve siècle, et sur lequel nous reviendrons plus loin, et les bâtiments intérieurs C, d'une date plus récente et aujourd'hui entièrement disparus[2]. Du temps de Guillaume d'Arques, la véritable entrée du château du côté de Dieppe était en D, et le fossé devait alors suivre la ligne ponctuée EE'. Peut-être en B existait-il originairement un ouvrage avancé palissadé pour protéger la porte principale. On distingue encore parfaitement, sous l'entrée G, les constructions du xie siècle, et même les soubassements des tours qui la défendaient. En H, est le donjon, de figure carrée, conformément à la forme adoptée par les Normands pour ce genre de construction ; en K, la seconde porte qui communiquait au plateau extérieur au moyen d'un pont posé sur des piles isolées. Cette entrée, savamment combinée, passait sous une tour et un long passage voûté bien défendu et battu par le donjon, qui, par sa position oblique, masquait la cour du château pour ceux qui arrivaient du dehors. Ce donjon était d'ailleurs remarquablement planté pour commander les dehors du côté de la langue de terre par où l'on pourrait approcher du fossé de plain-pied ; ses angles venaient toucher les remparts de l'enceinte, ne laissaient ainsi qu'une circulation très-étroite sur le chemin

1. Extrait du *Dictionnaire raisonné de l'architecture française du* xie *au* xvie *siècle*, par M. Viollet-Le-Duc, t. III, p. 72, art. Chateau, fig. 4.

2. Le plan est complété, en ce qui regarde les bâtiments intérieurs, au moyen d'un plan déposé dans les archives du château de Dieppe, dressé au commencement du xviiie siècle (1708), et réduit par M. Deville dans son *Histoire du château d'Arques*.

de ronde et dominaient le fond du fossé. L'ennemi, se fût-il emparé de la cour L, ne pouvait monter sur la partie des remparts M, et arrivait difficilement à la poterne K, qui

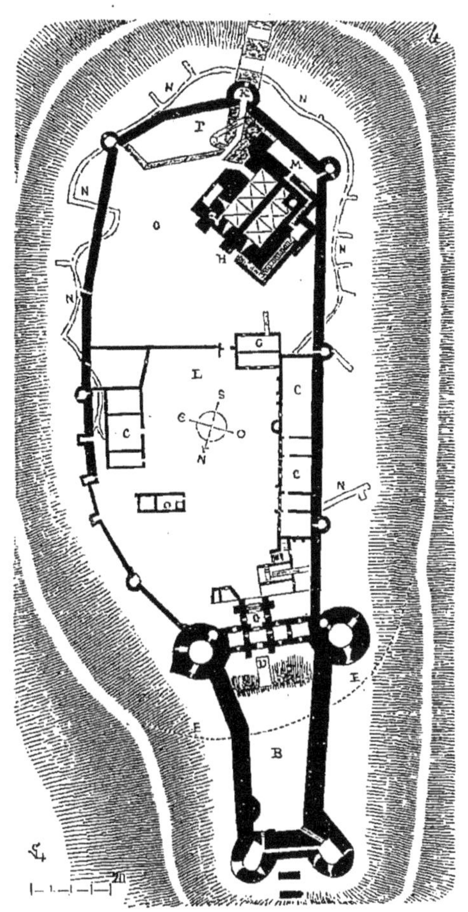

était spécialement réservée à la garnison renfermée dans ce donjon. En P, était un ouvrage dépendant du donjon, surmontant le passage de la poterne, et qui devait aussi bien se défendre contre la cour intérieur O que contre les dehors. Celle-ci avait plusieurs issues qu'il était impossible à des hommes non familiers avec ces détours de reconnaître ; car, outre la poterne K du donjon, un escalier souterrain communiquait au fond du fossé, et permettait ainsi à la garnison de faire une sortie ou de s'échapper sans être vue. Nous avons indiqué en N les nombreux souterrains taillés dans la craie, encore visibles, qui se croisaient sous les remparts, et étaient destinés, soit à faire de brusques sorties dans les fossés, soit à empêcher le travail du mineur du côté où le château est le plus accessible. De la porte D à la poterne K, le plateau sur lequel est assis le château d'Arques s'élève graduellement, de sorte que le donjon se trouve bâti sur le point culminant. En dehors de la poterne K, sur la langue de terre qui réunit le promontoire au massif de collines, étaient élevés des ouvrages de terre palissadés, dont il reste des traces, qui, d'ailleurs, ont dû être modifiés au XVe siècle, lorsque le château fut muni d'artillerie[1].

Pour faire mieux comprendre les dispositions principales de cette place forte, nous donnons une vue cavalière du château d'Arques, tel qu'il devait être au XIe siècle, prise au dehors de la porte de Dieppe, et en supprimant les défenses postérieures ajoutées de ce côté[2].

Les dispositions intérieures du donjon répondaient à cet ensemble formidable de défenses extérieures. On y pénétrait par une suite de portes, de passages, de rampes d'escaliers, où l'assaillant, arrêté à chaque pas par de nouveaux obstacles, était en outre exposé à une pluie de projectiles lancés par un ennemi invisible posté dans les étages supérieurs. Un épais mur de refend non interrompu divisait chaque étage en deux grandes salles complétement isolées l'une de l'autre et

1. Viollet-Le-Duc, *Dictionnaire raisonné de l'architecture française du XIe au XVIe siècle*, tIII, p. 70-74.

2. Extrait du *Dictionnaire de l'architecture française*, par M Viollet-le-Duc, t. III, p. 74, art. CHATEAU, fig. 5.

munies de défenses spéciales. Le rez-de-chaussée, qui servait de magasin d'approvisionnement, n'avait aucune communication directe avec le dehors ; on n'y pouvait descendre qu'au moyen de trappes ménagées dans le plancher du premier étage. Le premier et le second étage, d'un accès non moins compliqué, renfermaient la garnison, ou plutôt deux garnisons qui ne pouvaient communiquer entre elles qu'en montant à l'étage supérieur, occupé par le commandant de la place. Au troisième étage, en effet, le mur de séparation cessait [1] ; de sorte que, si l'un des côtés du donjon était pris, la garnison pouvait se réunir à l'étage supérieur, reprendre l'offensive, écraser l'assaillant égaré au milieu d'un labyrinthe de couloirs et d'escaliers, et regagner la portion déjà perdue. Comme dernière ressource, elle pouvait se dérober à l'ennemi par des issues secrètes, et gagner, au rez-de chaussée, l'escalier dont nous avons parlé et qui descendait par une pente rapide jusqu'au fond du fossé extérieur. Bien que fortement relié aux autres défenses de la place, le donjon d'Arques était pourvu de tous les moyens de soutenir isolément un long siége. Il possédait un moulin, un four et un puits de plus de 80 mètres de profondeur, et dont l'enveloppe était maçonnée jusqu'à la hauteur du plancher du second étage [2].

Le château d'Arques, admirablement situé, inattaquable par la sape, seul moyen employé alors pour renverser des murailles, protégé par la largeur de ses fossés contre les projectiles incendiaires et commandé par un donjon de cette importance, devait être une place inexpugnable, avant l'artillerie à feu. Aussi ne fut-il jamais pris de vive force. Il était à peine construit, que le duc Guillaume vint l'assiéger, son oncle s'étant déclaré ouvertement contre lui. Ne pouvant

1. Cette disposition du troisième étage aujourd'hui complétement détruit, est clairement indiquée dans le plan du XVIIIe siècle.

2. Viollet-le-Duc, *Dictionnaire de l'architecture française*, t. V, p. 37, 48.

l'emporter d'assaut, le bâtard de Normandie prit le partit de le bloquer. A cet effet, il fit creuser un fossé de contrevallation, qui, partant du ravin au nord-ouest, passait devant la porte nord du château, descendait jusqu'à la rivière de la Varenne, et remontait dans la direction du sud-est vers le ravin. Il munit ce fossé de bastilles pour loger et protéger son monde contre les attaques du dedans et du dehors. Le roi de France Henri Ier tenta de faire lever le blocus : un premier combat lui fut funeste ; ses gens tombèrent dans une embuscade, et il y eut *de Français grande occision*, dit la chronique de Normandie. Il parvint cependant à faire entrer des secours dans la place, qui résista quelque temps encore : mais, pressé par la famine, le comte fut obligé de capituler (1053).

« Willame d'Arches lungement
« Garda la terre è tint fortement
« E plus lungement la tenist,
« Se viande ne li fausiste :
« Maiz pur viande ki failli,
« Terre et chastel è tur guerpi ;
« Al Duc Willame fut rendi
« Et al Rei de France s'enfuit. [1] »

Pendant cette période de guerres et de rébellions dont la Normandie fut le théâtre après la mort du Conquérant, la place d'Arques devint le point de mire de toutes les ambitions, et sa possession exerça une influence décisive sur les événements. Léguée par Guillaume à son fils Robert, qui la céda à son gendre, Henri de Saint-Saens, le premier acte d'Henri Ier, en réunissant la Normandie à la couronne d'Angleterre, est de s'en saisir. Il le répare et le reconstruit en partie, en 1123, sans en modifier toutefois les dispositions générales. En 1145, Étienne de Boulogne et Geoffroy Plan-

1. Rob. Wace, *Roman de Rou*, vers 8600 et suiv.

tagenet se disputent sous ses murs le duché de Normandie ; ce dernier n'y entre qu'après un an de siège et la mort de son commandant, Guillaume Lemoine, tué par une flèche. En 1193, Philippe-Auguste, projetant la conquête de la Normandie, se fait livrer le château d'Arques par le faible Jean sans Terre, et le rend par traité à Richard Cœur-de-Lion, en 1196. Il l'investit en 1202, et lève bientôt le siège à la nouvelle de la captivité du jeune Arthur de Bretagne, tombé entre les mains de Jean sans Terre. Lorsque enfin toute la province est conquise, le château d'Arques est la dernière forteresse qui se rend au roi de France (1204).

Le château d'Arques n'a plus qu'un rôle effacé dans l'histoire des deux siècles qui suivent. Le seul document qui le mentionne durant cette période est un compte manuscrit des travaux qui y furent exécutés de 1365 à 1380. Au nombre de ces travaux figure la reconstruction de la grosse tour de la poterne et du pont qui la relie au plateau extérieur [1]. Nous voyons également dans cette pièce que l'étage supérieur du donjon se terminait dans l'origine par des tourelles couvertes de plomb, lesquelles devaient être les échauguettes pour abriter les défenseurs.

Au commencement du XVe siècle, le château d'Arques prend de nouveau une part éclatante à la lutte de la France et de l'Angleterre, et en subit les vicissitudes ; mais, toujours imprenable, il n'ouvre ses portes aux Anglais ou ne rentre sous la domination du roi de France qu'après la soumission de toute la province. Vers les dernières années de ce siècle, il subit d'importantes modifications pour l'approprier au service de l'artillerie à feu.

On construisit en B (voyez le plan) une enceinte bastionnée

1. Ordonnancement d'un compte de trente et six francs d'or pour transport de matériaux *destinés à la maçonnerie des ponts neufs et à la porte du chastel d'Arques* (Bibliothèque nationale).

flanquée de quatre tours, disposée en avant de l'ancienne entrée, pour battre le plateau situé en face, du côté du nord, et empêcher un assiégeant d'enfiler la cour du château au moyen de batteries montées sur ce plateau, qui n'en est séparé que de 200 mètres. En même temps le troisième étage du donjon fut converti en plate-forme et muni de bouches à feu. Ces dispositions nouvelles devaient, comme nous le verrons tout à l'heure, contribuer d'une manière décisive au succès de la bataille d'Arques.

Pendant les guerres de religion, Arques s'était déclaré pour la Ligue; les Dieppois, qui tenaient pour le parti du roi, cherchèrent à s'emparer du château. Après plusieurs tentatives infructueuses, leur gouverneur, Aymar de Chaste, désespérant de l'enlever de vive force, eut recours à la ruse. Des soldats, déguisés en matelots et cachant des armes sous leurs vêtements, se présentent au château pour y vendre du poisson. La sentinelle, sans défiance, les laisse passer ; à peine entrés, ils se jettent sur la garnison surprise, la désarment et prennent possession de la forteresse au nom du roi. Après le meurtre de Saint-Cloud, Henri IV, contraint de s'éloigner de Paris, se porta sur Dieppe, où il fut reçu avec enthousiasme. Un de ses premiers soins fut d'armer le château d'Arques de plusieurs pièces d'artillerie, dont il confia le service aux bourgeois de Dieppe ; puis il attendit le duc de Mayenne qui marchait contre lui avec 30,000 hommes. La rencontre eut lieu le 21 septembre 1589. Henri, dont la petite armée ne dépassait pas 7,000 hommes, s'était établi dans un camp retranché, près d'Arques, et dominait la vallée marécageuse et coupée de ruisseaux dans laquelle Mayenne allait imprudemment s'engager. La nature du terrain ne permit pas aux ligueurs de déployer leurs troupes et de profiter de l'avantage du nombre. Une trahison faillit cependant devenir fatale au roi. Les lansquenets de Mayenne, s'étant approchés des retranchements royaux, se mirent à crier qu'ils étaient protestants et qu'ils venaient se rendre au roi. On les aida aussitôt à franchir le fossé, quand tout à coup ils se retournent contre ceux qui les ont introduits, tuent ou font prisonniers tout ce qui se trouve sous leur main. Quelques-uns de leurs chefs pénètrent jusqu'au roi et lui crient de se rendre. Le désordre fut si grand pendant quelques instants, que, Henri, désespéré, demandait à grands cris « s'il ne se trouvait pas en France cinquante gentilshommes pour mourir avec le roi » ! Tout était perdu en effet, si Henri eût commandé à des troupes moins aguerries, et si Mayenne eût poussé plus vivement son avantage. La lenteur de ce dernier permit au roi et à Biron de rallier leurs gens et de chasser les lansquenets des retranchements qu'ils avaient surpris. En ce moment, le brouillard, qui avait couvert pendant la matinée le champ de bataille, s'étant dissipé, les canonniers placés sur les murailles du château d'Arques purent enfin distinguer l'ennemi et envoyèrent dans les rangs de la cavalerie de Mayenne quatre volées d'artillerie qui, selon l'expression de Sully, « y firent quatre belles rues ». Les ligueurs, empêchés par ce feu plongeant de tenter de nouvelles approches, se retirèrent en désordre, et le roi, resté maître du champ de bataille, écrivit le soir même ce billet si célèbre : « Pends-toi, brave Crillon! nous avons combattu à Arques, et tu n'y étais pas[1]. »

A partir de cette époque, le château d'Arques ne figure plus dans l'Histoire, et, bien qu'ayant encore un gouverneur, reste sans destination et sans entretien. Dès 1668 on n'y fait plus aucune réparation. En 1753, on commence à en arracher les pierres ; en 1771, les habitants d'Arques sont autorisés à l'exploiter comme carrière.

1. Deville, *Histoire du château d'Arques.* — Henri Martin, *Histoire de France*, t. X, p. 184. — Poirson, *Histoire de Henri IV*, t. I.

Le 10 mai 1793, ce qui restait du château fut mis aux enchères et adjugé pour la somme de 8,300 livres. Il passa depuis entre les mains de différents propriétaires, et appartenait en dernier lieu à M. Jules Reiset, à qui l'État l'a racheté en 1869, sur le vœu exprimé par la Commission des monuments historiques.

De ce bel ensemble de constructions que nous montre encore le plan de 1708, le vandalisme du siècle dernier ne nous a laissé que des ruines. Deux parties de la forteresse primitive offrent seules aujourd'hui un reste de conservation : le donjon et l'entrée principale. Celle-ci possède encore ses trois arcades, distantes d'environ 3 mètres l'une de l'autre et anciennement munies de herses ; elles portent quelques fragments des murs du premier étage. Au-dessus de l'une de ces arcades, le dernier propriétaire du château a fait incruster un grand bas-relief de marbre représentant Henri IV à cheval avec cette inscription :

HENRI IV VAINQUEUR AU COMBAT D'ARQUES,

LE 21 SEPTEMBRE 1589.

Du donjon, dépouillé de ses pierres de revêtement sur presque toute sa surface, il ne reste que la masse du blocage, sur une hauteur moyenne de deux étages. Cette maçonnerie, faite de silex, est d'une solidité extraordinaire.

Quant à la longue suite de courtines et de tours qui défendaient la place, la partie sud-ouest présente une hauteur d'environ 5 mètres au-dessus du sol de l'enceinte. Ce qui subsiste du côté de la vallée d'Arques forme à peine un parapet.

La grosse tour du XIVe siècle, qui, au sud-est du donjon, communique avec le plateau extérieur au moyen d'un pont posé sur des piles isolées, est mieux conservée. Les piles de ce pont déjà renversées au commencement du XVIIIe siècle, sont demeurées dans le même état.

Les quatre tours qui flanquaient l'ouvrage avancé construit au XVe siècle sont encore debout ; mais tous les faîtes sont découronnés, les parapets détruits, les embrasures déchirées, les parements excoriés et rongés. Elles sont bâties de brique et de pierre, et de dimension colossale. Trois sont à ciel ouvert, une seule a conservé la voûte de son étage supérieur.

Tel qu'il est, et malgré son état de ruine, le château d'Arques est encore un monument du plus haut intérêt pour l'étude de notre ancienne architecture militaire et féodale. Toutes les dispositions que nous avons décrite y sont encore visibles, et nul monument de cette époque ne nous fournit, sur cette branche si importante de l'art français au moyen âge, de notions plus complètes et des indications plus précieuses. A ce titre seul, les restes du château d'Arques, qui rappellent de si grands souvenirs, mériteraient les sacrifices que l'État s'est imposés pour les sauver de la destruction, qui, malgré des efforts individuels, n'eût pas tardé sans doute à les atteindre en d'autres mains que les siennes.

FIN.

Abbeville. — Typ. et Stér. A. Retaux.

3130. — Abbeville. — Typ. et stér. A. Retaux.

www.ingramcontent.com/pod-product-compliance
Ingram Content Group UK Ltd.
Pitfield, Milton Keynes, MK11 3LW, UK
UKHW020551230726
13925UKWH00006B/2528

9 782013 685924